探秘深地

向地球深部进军

孙金声 ◎ 主编　　洋洋兔 ◎ 绘

石油工业出版社

图书在版编目（CIP）数据

探秘深地：向地球深部进军 / 孙金声主编；洋洋兔绘 . -- 北京：石油工业出版社，2025.8. -- ISBN 978-7-5183-7756-5

Ⅰ . P624-49

中国国家版本馆 CIP 数据核字第 2025WW6366 号

探秘深地：向地球深部进军

孙金声 主编　　洋洋兔 绘

总 策 划：张海云　雷　平
策划编辑：王　昕
责任编辑：王　昕　黄晓林　付玮婷
责任校对：刘晓雪
出版发行：石油工业出版社
　　　　　（北京安定门外安华里 2 区 1 号楼 100011）
网　　址：www.petropub.com
编 辑 部：（010）64523616　64523689
图书营销中心：（010）64523731　64523633
经　　销：全国各地新华书店
印　　刷：北京天恒嘉业印刷有限公司

2025 年 8 月第 1 版　　2025 年 9 月第 2 次印刷
787 毫米 × 1092 毫米　　开本：1/12　印张：4.5
字数：50 千字

定　价：128.00 元
（图书出现印装质量问题，我社图书营销中心负责调换）

序言

石油在哪里？它在一望无际的戈壁荒原里，在深不可测的海底世界里，也在国家经济运行的"血管"里，在我们每个人的衣、食、住、用、行里，与经济社会发展和每个人的生活息息相关。《探秘石油》《探秘深地》通过直观有趣的漫画，生动活泼的动画视频以及寓教于乐的益智文创，揭开了石油如何通过物理和化学作用转化为各种生活必需品的秘密，让孩子们踏上一段充满奇妙与发现的科学探索之旅。

这是一套"有料""有趣""有心"的石油化工全景百科丛书。"有料"，书中包含丰富的科普知识点，让处于不同年龄段的孩子都能够"吃得透"；"有趣"，浅显易懂的漫画可以激发孩子们的探索兴趣；"有心"，书中精心营造的陪伴感，让石油化工科普走进孩子们的内心世界，播下科学梦想的种子，激发他们的好奇心、想象力、探求欲，感受石油之美、石化之美、科学之美。

相信读完这套书的孩子们都能成为石油化工行业的"小小专家"，更好地理解石油化工的地位和作用，认识石油资源的战略性、稀缺性和不可再生性，更加珍惜和合理使用石油。同时，希望孩子们从中提高科学素养，培育科学家潜质，将来为建设世界科技强国、石化强国贡献自己的一份力量。

戴厚良

中国化工学会理事长
中国工程院院士

目 录

开篇

深空、深海、深地：探索未知的世界 …… 6

第一篇　认识地球

地球的模样 …………………………… 9

地球内部大揭秘 ……………………… 12

古人眼中的地下世界 ………………… 14

第二篇　地球深处的宝藏

丰富的地下资源 ……………………… 16

地下宝藏诞生记 ……………………… 18

超有用的地下宝藏 …………………… 20

第三篇　寻找地下宝藏

看透地下的"火眼金睛" ……………… 22
了不起的中国钻井 ……………………… 24
深地钻探"黑科技" ……………………… 26

第四篇　向地球深部进军

大国重器：向地球深部"亮剑" ……………… 28
深地塔科1井：打出中国深度 ……………… 30
穿越地球5亿年 ……………………………… 34
万米深井科研人员手记 …………………… 36
深地川科1井："全球最难"万米油气井 … 38
全球直井井深大比拼 ……………………… 42

环保　守护我们的地球家园 ……………… 44
展望　未来地下探索 ……………………… 46
致敬　大地之子李四光 …………………… 48

开篇

深空、深海、深地：
探索未知的世界

深邃、灿烂的宇宙星辰，我们曾到过那里，"嫦娥六号"探测器还从月球带回了月壤。

静谧、繁荣的海底世界，我们曾到过那里，"奋斗者"号万米载人潜水器还从海洋深处带回了岩石和生物样本。

神秘、未知的地下深处，那里隐藏着多少秘密呢？向下，向下，我们的目标是地球深处，我们要带回更多的宝藏！

深地塔科1井（中国）

人们说："上天难，入地更难！"2025年1月5日，深地塔科1井完钻，垂直深度达到 **10 910** 米！这标志着中国自主研发的技术和装备突破了地球万米深度纪录，同时也意味着中国在深地探索领域翻开了新的一页。

向深地进军要完成三个任务！

跟我去地球深处寻宝吧！

任务1 寻找深地资源

任务2 建设地下空间

任务3 了解地球的脾气

旅行者 1 号（美国）

我是离太阳最远的探测器，也是人类文明的"邮递员"，带着黄金唱片，正飞向宇宙深处！

黄金唱片
收录了用以表述地球上各种文化及生命的声音及图像。

深海一号（中国）
深海一号是中国自主研发建造的全球首座 10 万吨级深水半潜式生产储油平台。

我可是海上"巨无霸"！

潜入海底 10 909 米的快乐，你们想象不到！

"奋斗者"号（中国）
2020 年 11 月 10 日，"奋斗者"号成功到达马里亚纳海沟沟底，创造了 10 909 米的中国载人深潜新纪录。

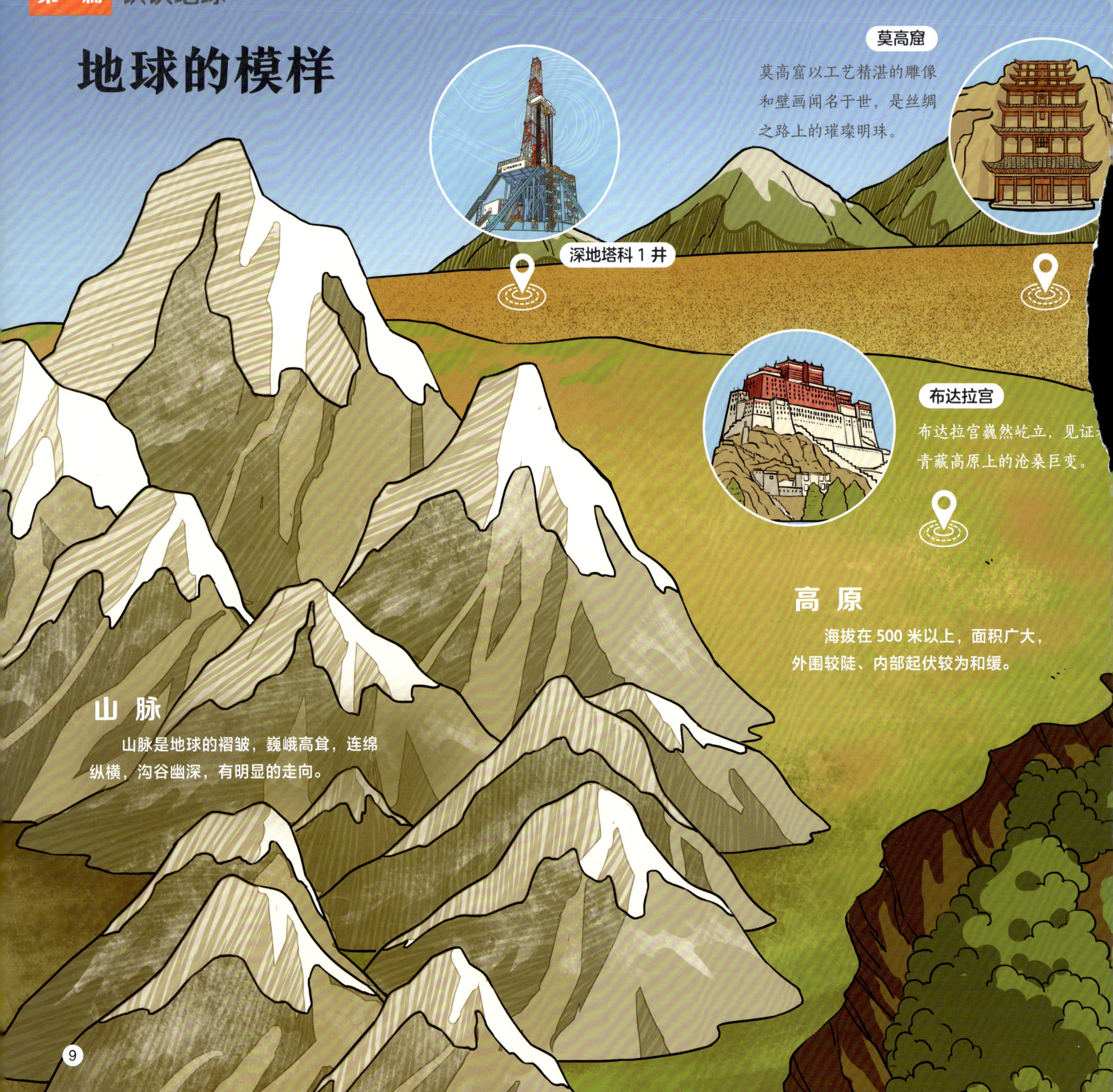

地球的诞生与成长,是一部史诗级的"变形记"。大约在遥远的46亿年前,在银河系的一个角落中,一团混沌的星云开始坍缩,形成了太阳系最初的样子。经过漫长的时间,这团星云中心汇聚形成了太阳,周围的气体和尘埃汇聚形成了行星,众多行星中最为独特的一颗就是地球。经历亿万年的演变,我们的地球慢慢变成了如今的模样。

地球就像一个厉害的魔术师,它变出了山脉、高原、平原、丘陵、盆地……

深地川科1井

盆地

四周高山环绕、中间平坦开阔的盆状地形。

地球内部大揭秘

在太阳系的八大行星中，有四颗身披亿万年“岩石铠甲”的岩质行星，其中地球最大，平均半径约为 6 371 千米。

地球内部可以分为三个圈层结构：地壳、地幔和地核。它们包裹在一起，就像鸡蛋的蛋壳、蛋清和蛋黄一样。

其中地壳是最外层，又分为洋壳和陆壳。洋壳也就是海洋地壳，它非常薄，平均厚度 5 千米；陆壳则是位于大陆或浅海位置的地壳，平均厚度 33 千米，最厚的地方就是青藏高原地区，有七八十千米厚呢！地幔是中间一层，其中并不是满满的岩浆，主要是致密的岩石、熔融体或流体。地核是最里层，又可分为两层，外核是熔融的液态金属，内核则是更加难以熔化的固态金属。

蛋清（地幔）
蛋黄（地核）
蛋壳（地壳）
地幔
地壳
外核
内核

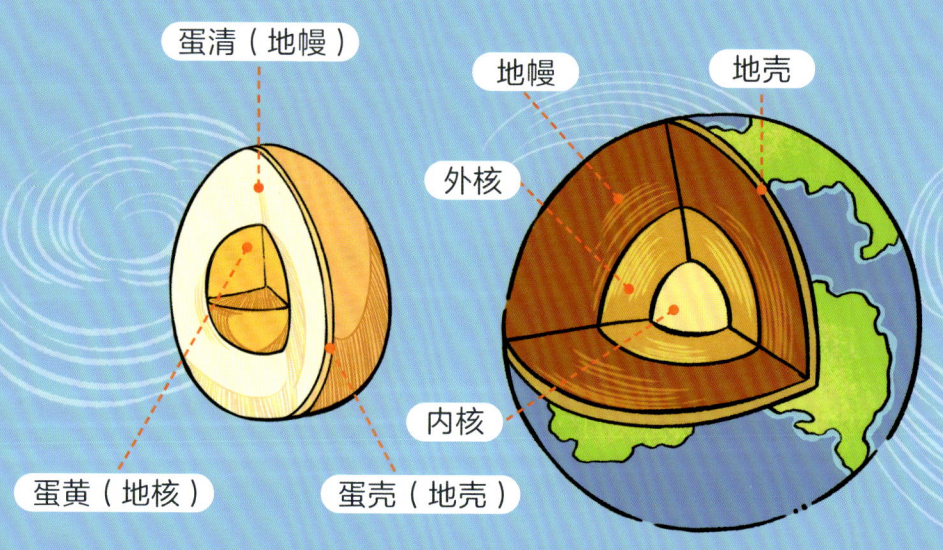

鸡蛋切面图 vs 地球内部构造图

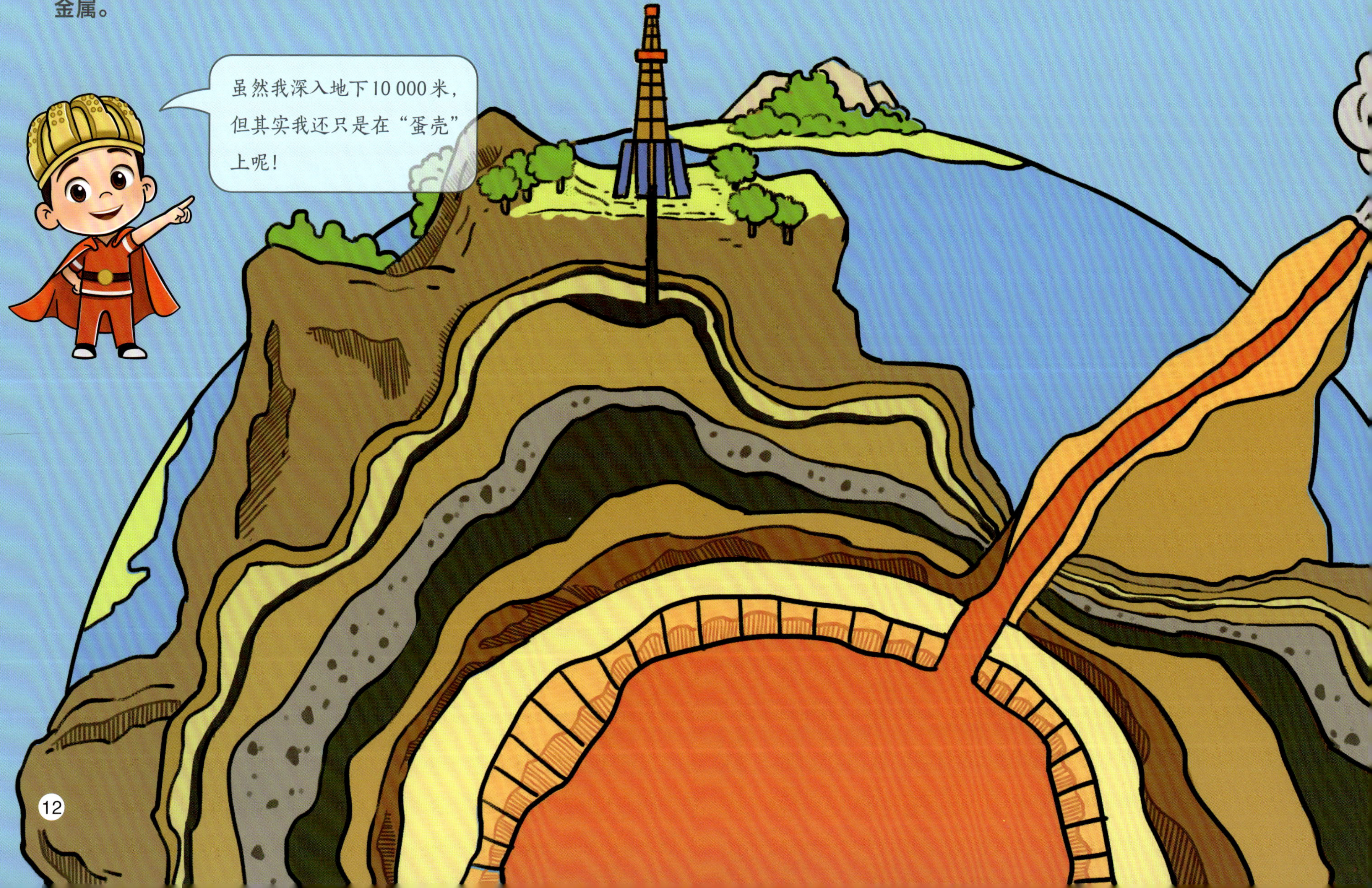

虽然我深入地下 10 000 米，但其实我还只是在“蛋壳”上呢！

地球表面的岩石可分为三大类——沉积岩、岩浆岩、变质岩，在一定的条件下，它们可以互相演变、转化。

三种岩石形成示意图

岩浆岩是岩石界的"扛把子"！它占地壳总质量的95%！

爱"叠罗汉"的沉积岩

地球表面的沉积物，经过长时间的压实和固结作用就形成了沉积岩。沉积岩的岩层越接近地面越年轻。

"魔术高手"变质岩

岩浆岩或沉积岩遭遇极端的高温、高压，就形成了变质岩。大理石就是变质岩的一种。

"热血青年"岩浆岩

岩浆岩可以分为喷出岩和侵入岩，身上有着明显的矿物晶体颗粒或孔洞。

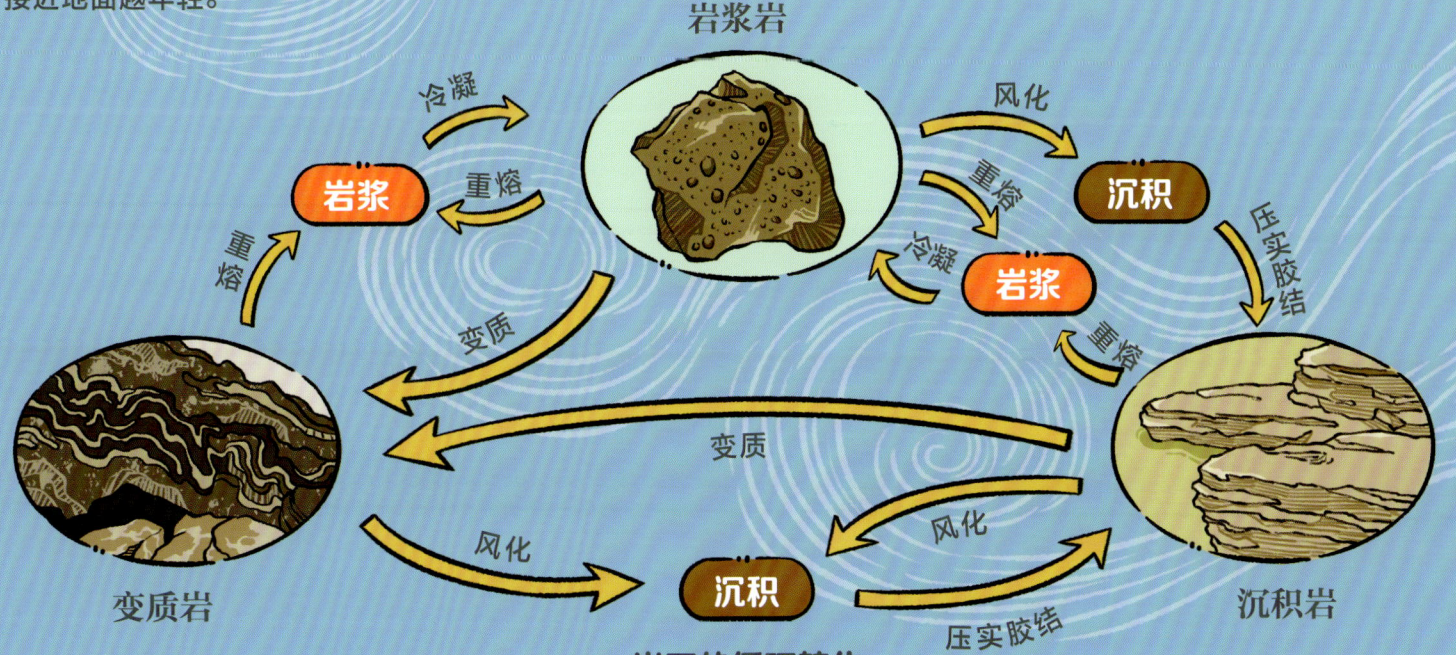

岩石的循环转化

古人眼中的地下世界

从古至今，人们一直对地下世界有着瑰丽的幻想，"遁地"更是成了本领高强的代名词。虽然古人没能练就这样的本领，但是他们对地下的探索从未停止，并且在探索中展现出了非凡的智慧和创造力。

坎儿井

水利

坎儿井是新疆吐鲁番地区特有的地下水利工程。人们利用厚厚的土层极大地减少了水的蒸发，让水顺利流向下游，创造了"荒漠变绿洲"的奇迹。

取水

在河姆渡遗址中，考古人员发现了中国最早的水井。可见早在7 000多年前，人们就已经发现地下蕴藏着丰富的水资源。

法国著名科幻小说家儒勒·凡尔纳在《地心游记》中描绘过他对地底世界的奇幻想象：那里有波涛汹涌的大海，巨大的蘑菇林，还有高大的巨人和乳齿象……

《地心游记》想象场景

据《本草纲目》记载,有上百种矿石可以入药。比如,蒙脱石可以用来治疗腹泻,硼砂有清热解毒的功效,石膏是中药里重要的"救火队员"。

蒙脱石

孔雀石
蓝铜矿

孔雀石、蓝铜矿、朱砂等矿石常常被画家做成颜料,即使历经近千年,这些颜料的颜色依然鲜艳。

石油

石油是现代生活中不可缺少的重要资源,广泛应用于工业生产、交通运输以及日常生活等许多领域,约13%的石油用于衣服的制造。

煤炭

煤炭是人类最早认识并学会使用的化石能源。

天然气

天然气可以用来做饭、取暖、发电,是一种无色无味的清洁能源。在生活中,人们给它加上了"安全警报"——臭味气体,如果天然气泄漏,马上就能被我们的鼻子"捕捉"到。

采暖

燃气灶

燃气热水器

铅笔虽然叫"铅"笔,但笔芯的主要成分实际上是石墨。

石墨

锂矿

找到宝贝啦!

石油

地下宝藏诞生记

地下这么多的矿产资源是怎么形成的呢？科学家们研究发现，它们有些形成于亿万年间的复杂演化，有些来自更久远的恒星爆炸……静静聆听，地下宝藏都有自己的故事，也在述说着地球变迁的历史。

黄金：来自星星的礼物

黄金是地球上最古老、最珍贵的金属之一，然而地球并不是它的"故乡"。研究表明，黄金诞生于遥远宇宙里超新星爆炸或中子星碰撞的过程中，可能比太阳系还要古老。

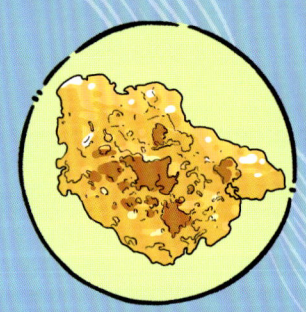

石油和天然气是一对孪生兄弟，它们可能已经过了上亿个生日了！

大陆架

石油：远古时期封存的"液体阳光"

石油和天然气的形成需要漫长的时间，它们是宝贵的不可再生资源。

大陆坡

海沟

古生物

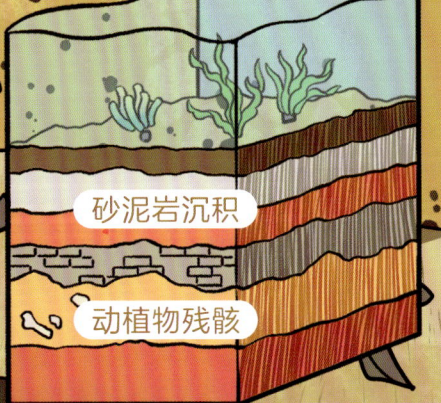

砂泥岩沉积

动植物残骸

石油

准备时期

亿万年前，大量的动植物死亡，它们的遗骸随着水流沉积在低洼的湖底或海底。这就是石油和天然气形成的"温床"。

进行时期

经过漫长的时间，这些动植物残骸被其他的沉积物层层掩埋。在高温、高压又缺氧的环境中，这些残骸开始慢慢向石油和天然气转化。

完成时期

石油和天然气比周围的岩石轻得多，它们会向上渗透进入储集层的孔隙间，上升过程中又被更大、更致密的岩石挡住了去路。于是它们在这里慢慢汇聚，形成了油气藏。

煤层

天然气　　石油

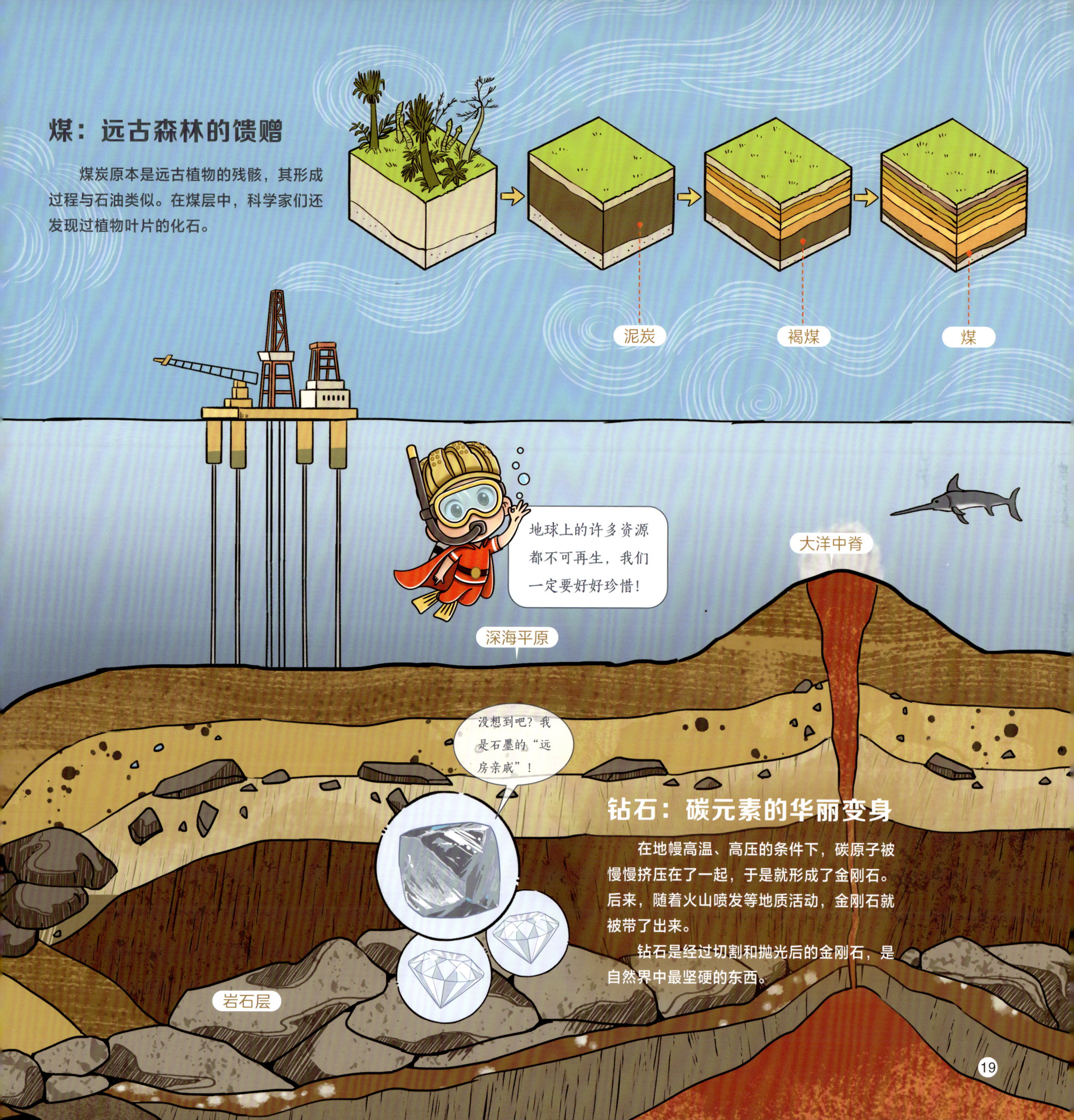

第三篇 寻找地下宝藏

看透地下的"火眼金睛"

石油、天然气等资源，大多深藏在地下的岩层中，仅凭肉眼很难找到它们在哪里。不过别担心，地质学家们有着穿透地层的"火眼金睛"——地质勘探技术。

地质锤、放大镜、罗盘，这些可是老一辈地质工作者的"三件宝"。

电磁勘探——给地球做"磁共振"

在地层中，岩石和油气等物质有着不同的电学性质，在外加磁场的作用下，勘探设备能够准确地捕捉并记录不同的电磁信号，科学家们由此就能绘制"地下藏宝图"！

地震勘探——给地球做"心电图"

随着技术的发展，地质学家有了新的勘探"神器"——可控震源车。这辆神奇的大车"跺跺脚"，就可以发出可控的人工地震波。地震波穿透地底世界，又带着丰富的地质信息返回地面。

地球物理测井——洞察地下油气的"眼睛"

通过各种井下探测仪器，不仅能给地层"拍"高清照片、"听"到不同的声音，还能给岩石测"骨密度""肺活量"等。在黑暗的井下世界，测井就像明亮而智慧的"千里眼"，让我们对地下深处的油气资源了如指掌。

地球化学勘探——给地球做"化验"

工程师们利用化学方法对岩层和流体的成分进行分析，测定地下油气运移引起的化学变化，分析地下油气存在和分布的情况，寻找地球化学异常的线索。这些线索连成闪光的路标，直指大地深处沉睡的黑色宝藏！

深地钻探"黑科技"

处于地下的石油和天然气是怎么与地面连通的呢?这就需要工程师们构建一条长长的通道。"挖掘"这个通道需要很多的装备和工具,让我们一起看看工程师的"百宝箱"吧!

没有这些"黑科技",那我们永远到不了地球深处。

钻头——破碎岩石的利器

怎么打碎井下的岩石呢?这就该敢啃"硬骨头"的钻头出场了!它们配备有镶嵌了人造金刚石的"牙齿",随着钻头的旋转将坚硬的岩石一点点破碎。

钻柱——万米钻柱架起深地"虹桥"

从地下深处的钻头到地面有着成千上万米的距离,一根根钻柱首尾相连,旋转着将钻头送入深地。接着,钻柱又像拧麻花一样将地面的旋转力传递到井底,带动着钻头旋转前进。

PDC 钻头　　取心钻头

这是我的"兄弟姐妹们"!

牙轮钻头

金刚石钻头

远程专家指挥中心——千里之外看见"中国深度"

井场的监控视频和监测数据能够同步回传到远程专家指挥中心,专家可以远程实时监控工况,能够清晰地看到石油工人每一步的作业情况,再经过数据对比、分析,以便及时对施工做出指导和调整。

固井——为油气通道穿上"盔甲"

为了让井筒更加坚固耐用,工程师们还要给井筒穿上一件"刀枪不入的盔甲",这就是钻井工程中的重要工序——固井。固井时,工程师们先在井筒中下入长长的套管,然后在井壁和套管之间注入水泥浆,水泥浆随后变成坚硬的"人造石",将井壁与套管固结起来,为油气开采建立起一条安全的绿色通道。

自动化测井车

自动化固井水泥车

智能旋转地质导向系统——让钻头指哪儿打哪儿

为了钻头能在地层中指哪儿打哪儿,工程师为它们装配上了智能旋转地质导向系统。有了它的帮助,工程师在地面也能洞察一切,通过其精准导航,让钻头在油层中"自动驾驶"。

钻井液——钻井的血液

钻井液就像钻井工程的"超级血液",它能冷却钻头,保护井壁不会垮塌,还能将井底的岩石碎屑冲洗干净带到地面。

钻头不到,油气不冒。看我钻开这些坚硬的岩层。

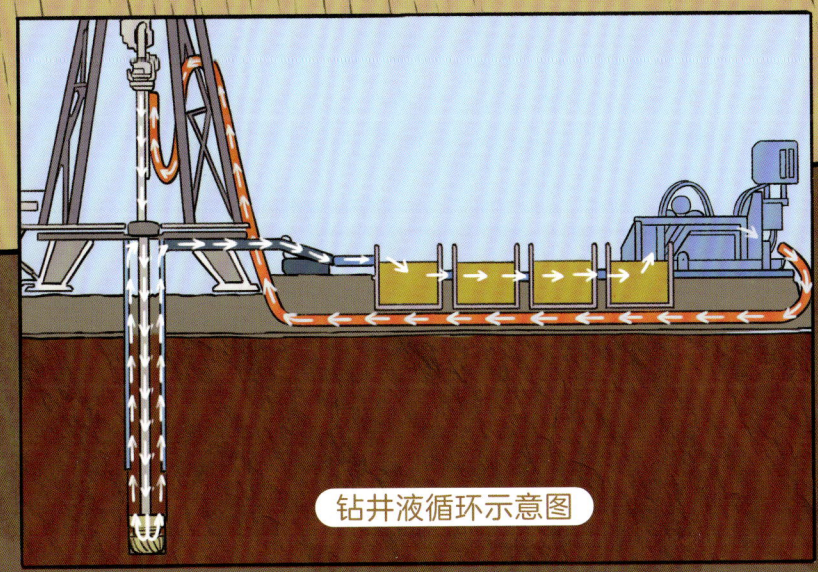
钻井液循环示意图

第四篇 向地球深部进军

大国重器：向地球深部"亮剑"

在向万米深地进军的征程中，工程师们一次次克服困难，突破技术壁垒，而这台由中国自主研发的"大国重器"——12 000米特深井自动化钻机功不可没！让我们一起认识它吧！

1 打得极深，探听地球秘密

钻机能够钻至地下12 000米，它是中国钻深能力最强的石油钻机，可以帮助我们了解地球内部更多的秘密。

2 超级"力大"，专啃硬骨头

面对地球深处坚硬的岩层，钻机凭借强大的旋转系统，轻松破碎各种岩石。

3 自动化程度高，自己会"动手"

钻机可以替代人工，将一根根钻杆接成一串串钻柱，并轻松下入井底或从井底提出地面，动作精准又高效。

4 大脑聪明，自己会"思考"

钻机拥有一个"聪明的大脑"，操作人员在类似飞机驾驶舱的操作室内，通过按键就可以操控设备，并随时监测、调整各种参数，轻松掌控全程。

5 钢铁身躯，岿然不动

钻机就像一个庞大的"机器人"，由数十个部件和成千上万个零件组成，经过严格设计与测试，在极端恶劣的条件下也能稳定运行。

6 多能"助天下"

钻机不仅用于石油、天然气的开采，还能用于地热开发、地震研究、甚至探索生命起源，为人类发展提供强大助力。

井场

深地塔科1井：打出中国深度

穿行西北，塔克拉玛干沙漠的黄沙一望无垠，但在这片被世人称为"死亡之海"的荒漠中，有一个"钢铁巨人"就像胡杨一样，奇迹般地矗立着。这就是中国首口万米深井——深地塔科1井。

深地塔科1井是中国叩开万米深地的第一井，承载着科学探索与油气发现的双重使命，深入探索地球内部的结构与演化规律，寻找万米深层油气成藏的答案。

2025年1月5日，深地塔科1井突破10 910米，成为亚洲第一口、世界第二口垂直深度超万米的深井，奏响了中国"万米深井"时代的序章。

2023年5月30日，深地塔科1井正式开钻。

胡杨扎根沙漠，坚韧不拔，它的垂直根能深入地下20米左右。

10 910米

深地塔科1井胜利完钻，创造了

全球陆上钻井突破万米"**最快**"！

亚洲直井钻探"**最深**"！

亚洲陆上取心"**最深**"！

全球尾管固井"**最深**"！

全球电缆成像测井"**最深**"！

万米深井科研人员手记

深地塔科1井和深地川科1井是中国万米深井的"双子星"，其中深地塔科1井携手攀越"地下珠峰"，不断刷新"中国深度"！

> 塔科大哥，你是我的榜样！

2023年5月30日

深地塔科1井开钻啦！我们的目标是深入10 000米的地下，成为探索地球深部的"望远镜"。

中国石油深地塔科1井开钻仪式
2023年5月 | 中国·阿克苏

2023年7月20日

又一口万米深井开钻了！这是全球钻井难度最大的万米深井之———深地川科1井。

> 深地川科1井

大家在忙于工作的时候，和住在深地川科1井旁的"邻居"锦鸡、虎子们相处得很好。它们常常来做客。

2023年12月25日

深地塔科1井井深突破9 000米，超过了珠穆朗玛峰的高度。

塔里木盆地一年有300天都被沙尘笼罩，夏季地表温度常在70℃以上。石油人为了应对强紫外线和高温、沙尘等恶劣条件，必须穿上严实的工服，工鞋鞋头还衬着钢板，防止工作人员被重物砸伤。

深地塔科1井附近会出现黄羊、狐狸等动物，工作人员会把食物分给它们，时间长了，大家就成了朋友。

深地川科1井："全球最难"万米油气井

深地川科1井所在的四川盆地群山环绕，风景秀美，不像深地塔科1井"扎根"的沙漠那样荒凉。然而，蜀地的地质条件复杂，让钻探工作面临着更大的挑战——蜀道难，蜀地钻井更难！

2023年7月20日，深地川科1井在万众瞩目下顺利开钻，与深地塔科1井遥相呼应，万米深井"双星"闪耀！

全球首井井深大比拼

深层油气资源勘探开发是地球深部探测的关键领域，深层、超深层已成为中国油气重大发现的主阵地。按照钻探深度划分，井深超过 4 500 米的井为深井，超过 6 000 米的井为超深井，超过 9 000 米的井为特深井。

中国向地球深部进军，突破 4 500 米，用了半个世纪；突破 8 000 米，历时近 30 年；突破 9 000 米，历时 6 年；突破 10 000 米，仅仅用了 2 年！

苏联 SG-3 井
苏联完钻的世界最深井

中国四川关基井
中国第一口超 7 000 米"争气井"

中国四川女基井
中国第一口超深井

中国大庆油田松基六井
中国第一口超 4 500 米的深井

美国蒂尔登 1 号井
世界第一口深井

美国钻成了世界第一口超深井

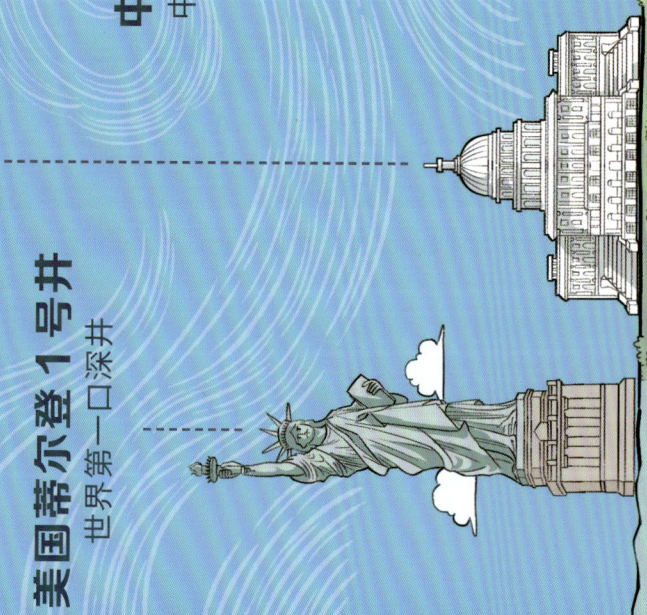

- 1938 年 4 573 米
- 1949 年 6 255 米
- 1966 年 4 718.77 米
- 1976 年 6 011 米
- 1977 年 7 175 米
- 1989 年 12 262 米

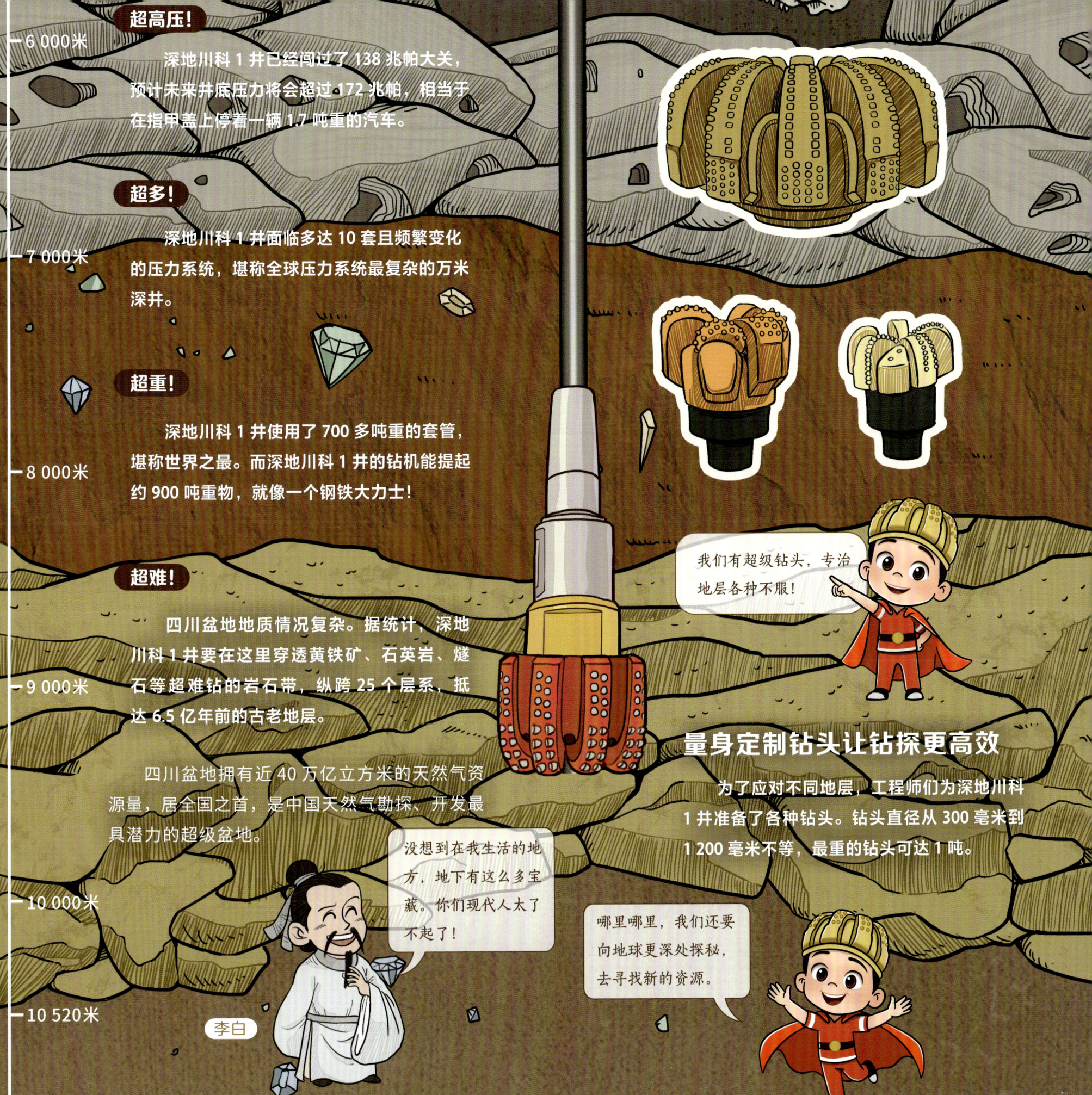

守护我们的地球家园

我是环保小卫士！

让我们从珍视资源、节约资源开始，携手当好环保小卫士，共同守护地球家园，让环境更干净，让家园更美丽。现在就行动起来吧。

减少使用一次性塑料餐具

减少一次性塑料餐具的使用，筷子时代节约石油资源，还有助于减少塑料垃圾。用自己的餐具盒吧，既卫生又环保！

垃圾分类

垃圾分类变废为宝，不仅能够减少垃圾填埋和焚烧带来的环境问题，还能够促进资源的循环利用，如塑料废物可以进一步加工成燃料或其他化学品，从而实现经济效益与环境效益的双赢。

绿色出行

选择骑自行车或乘坐公共交通，降低私家车的使用频率，可以减少对汽油、柴油、润滑油等石油制品的消耗，同时能降低尾气排放，从而减轻对环境的危害。

使用有机肥料

化学肥料通常是以石油等化石能源为原料生产的，在家庭园艺中多使用有机肥料，可以减少对石油等化石能源的消耗，同时防止化肥对土壤的损坏和对人体健康的伤害。

环保

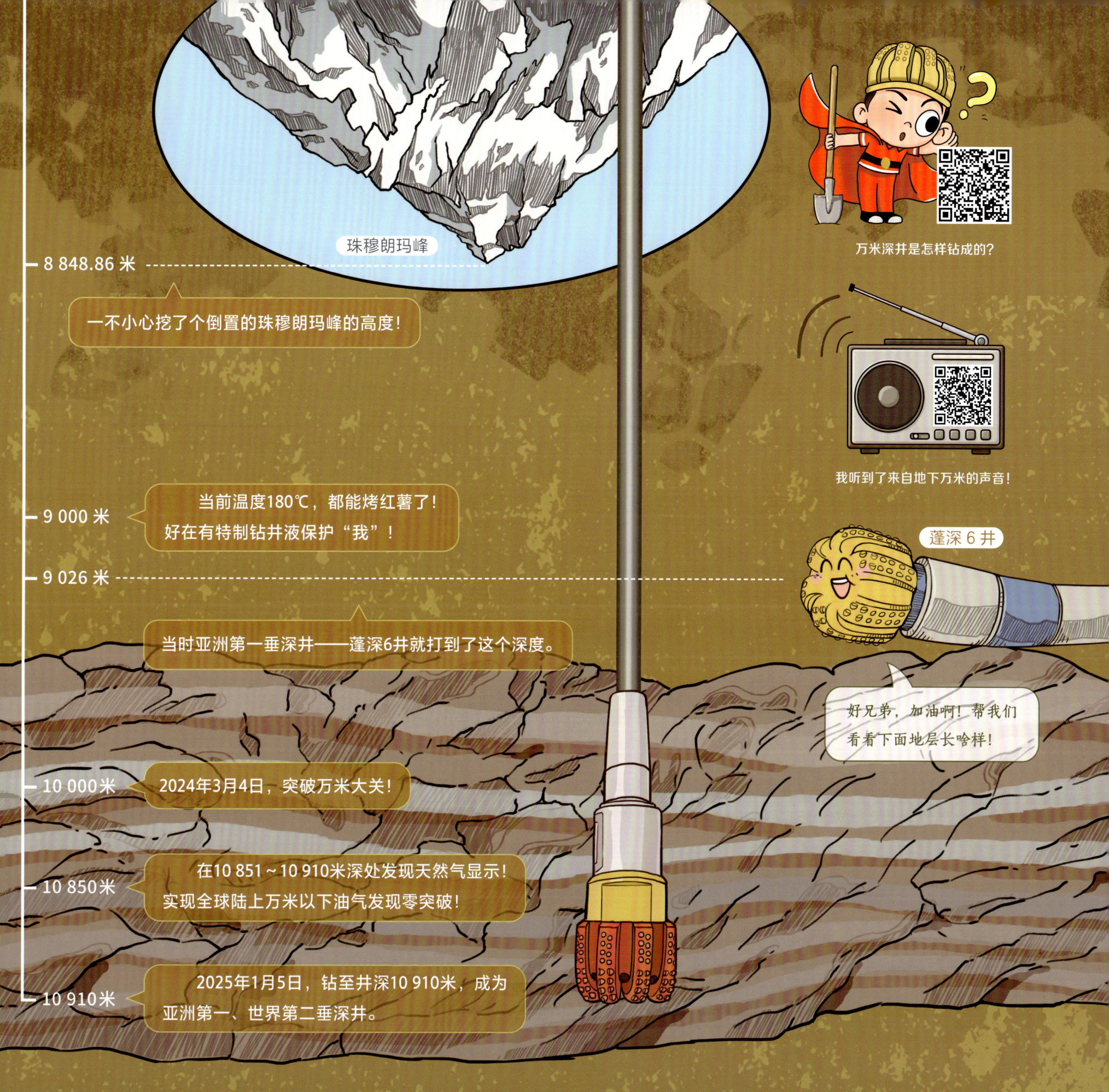

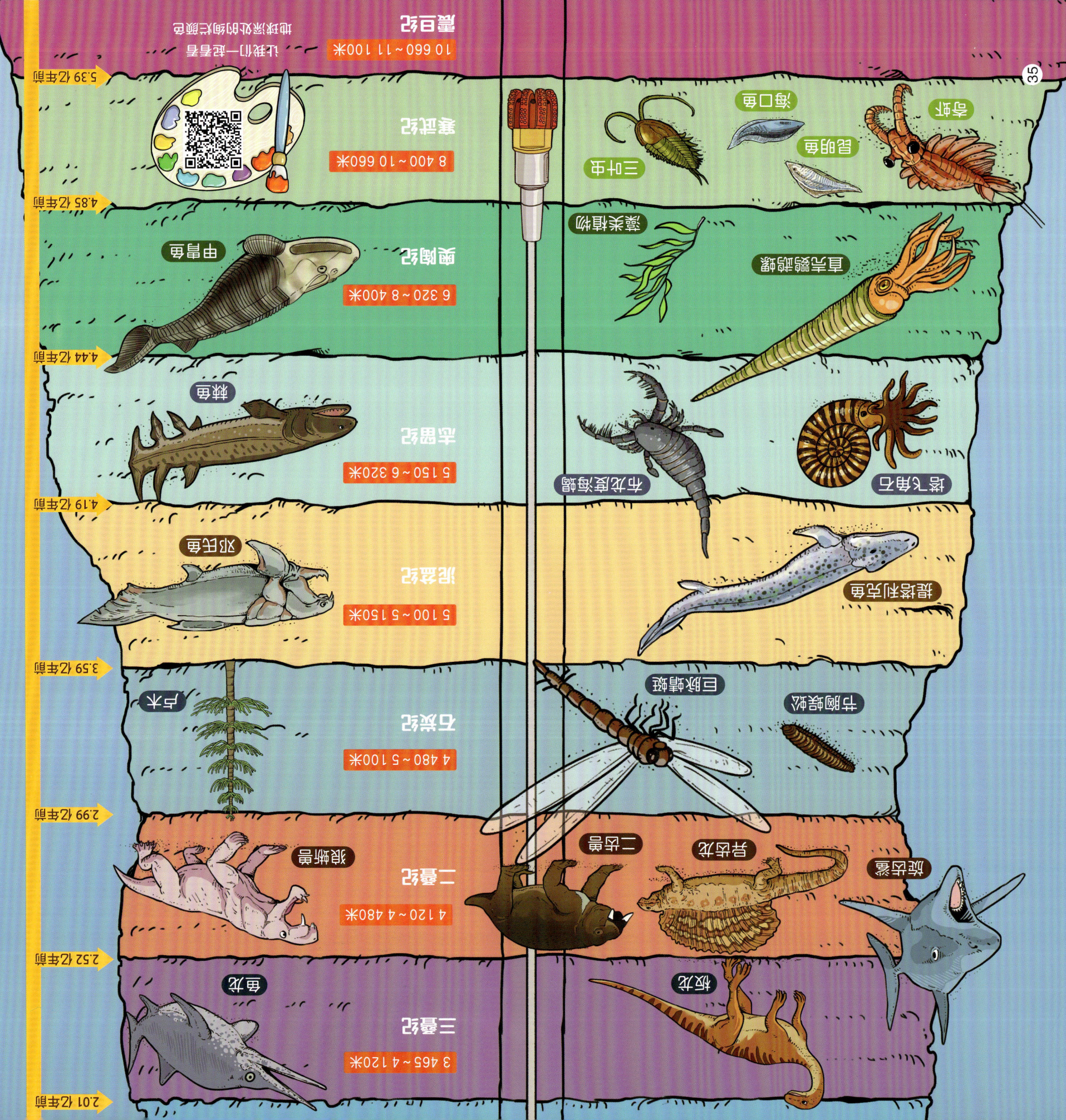

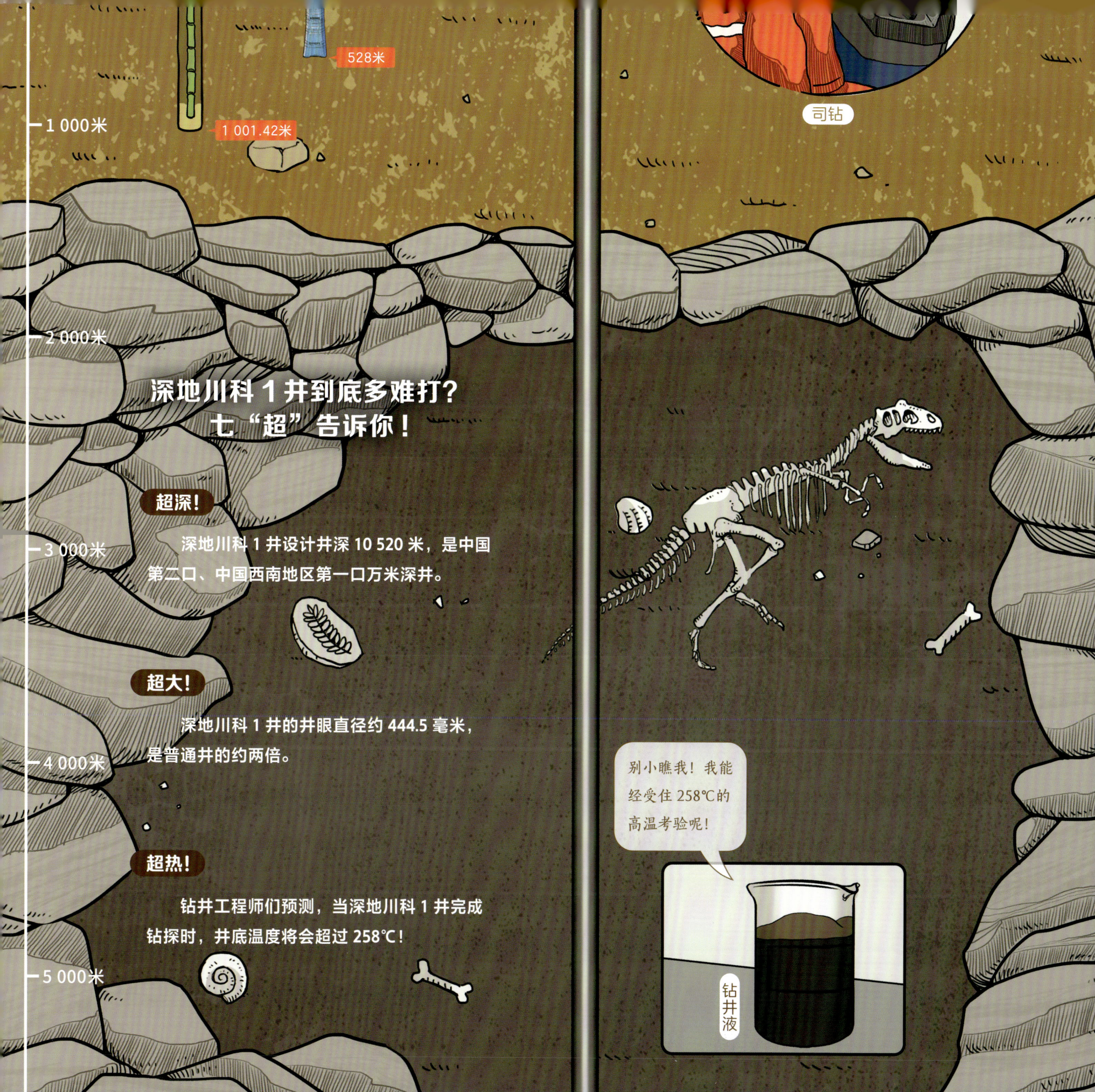

《万米之巅》MV

2024年3月4日
深地塔科1井突破10 000米，成为亚洲第一口垂直深度超万米井，井继续向更深处冲刺！

2024年2月10日
春节期间，深地塔科1井、深地川科1井依然灯火通明，紧张施工。除夕当天，深地塔科1井钻至垂9 850米，创造了亚洲最深井纪录。

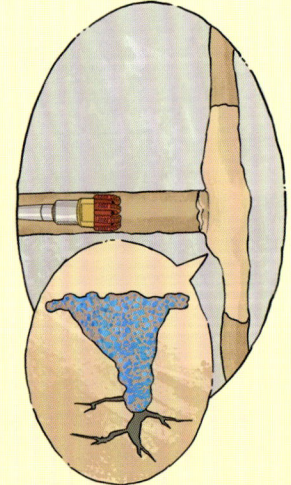

2024年10月14日
深地塔科1井钻遇地下溶洞漏失严重漏失，科学家用"温压堵漏"技术成功封堵，止住了井筒的"出血点"，创造了10 388米全球最深钻井堵漏世界纪录，并首次在超万米地层发现天然气！

要想用显微镜看清这些岩石样本，得把它们磨得比头发丝的一半还要薄。

显微镜下的岩石样本缤纷多彩，形态各异，美爆啦！

2024年12月5日
石油人万米取心，与数亿年前的地球"面对面"。

2025年1月5日
深地塔科1井胜利完钻，打出垂直深度10 910米。

我们打到10 910米啦！

中国深地塔科 1 井
目前亚洲陆上最深井纪录

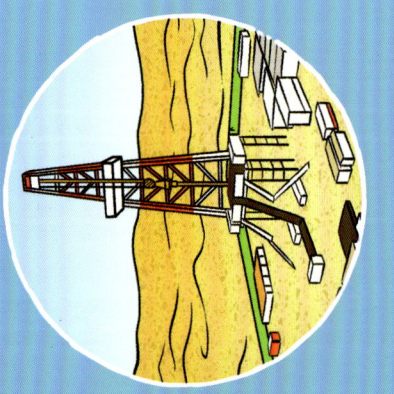

中国四川蓬深 6 井
当时亚洲最深直井纪录

中国塔里木轮探 1 井
当时亚洲陆上最深井

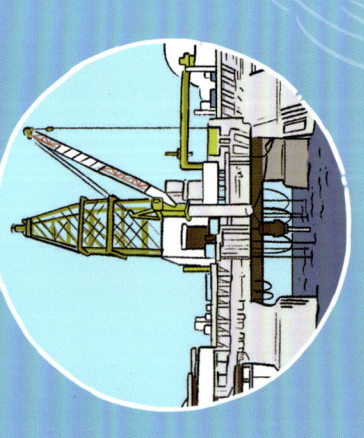

美国泰博油田生产井
美国当时最深的深水油田井

德国 KTB-1 井
德国在 KTB 计划中钻成的第一口特深井

- 2025 年 10 910 米
- 2023 年 9 026 米
- 2019 年 8 882 米
- 2009 年 10 685 米（水深 1 259 米）
- 1994 年 9 101 米

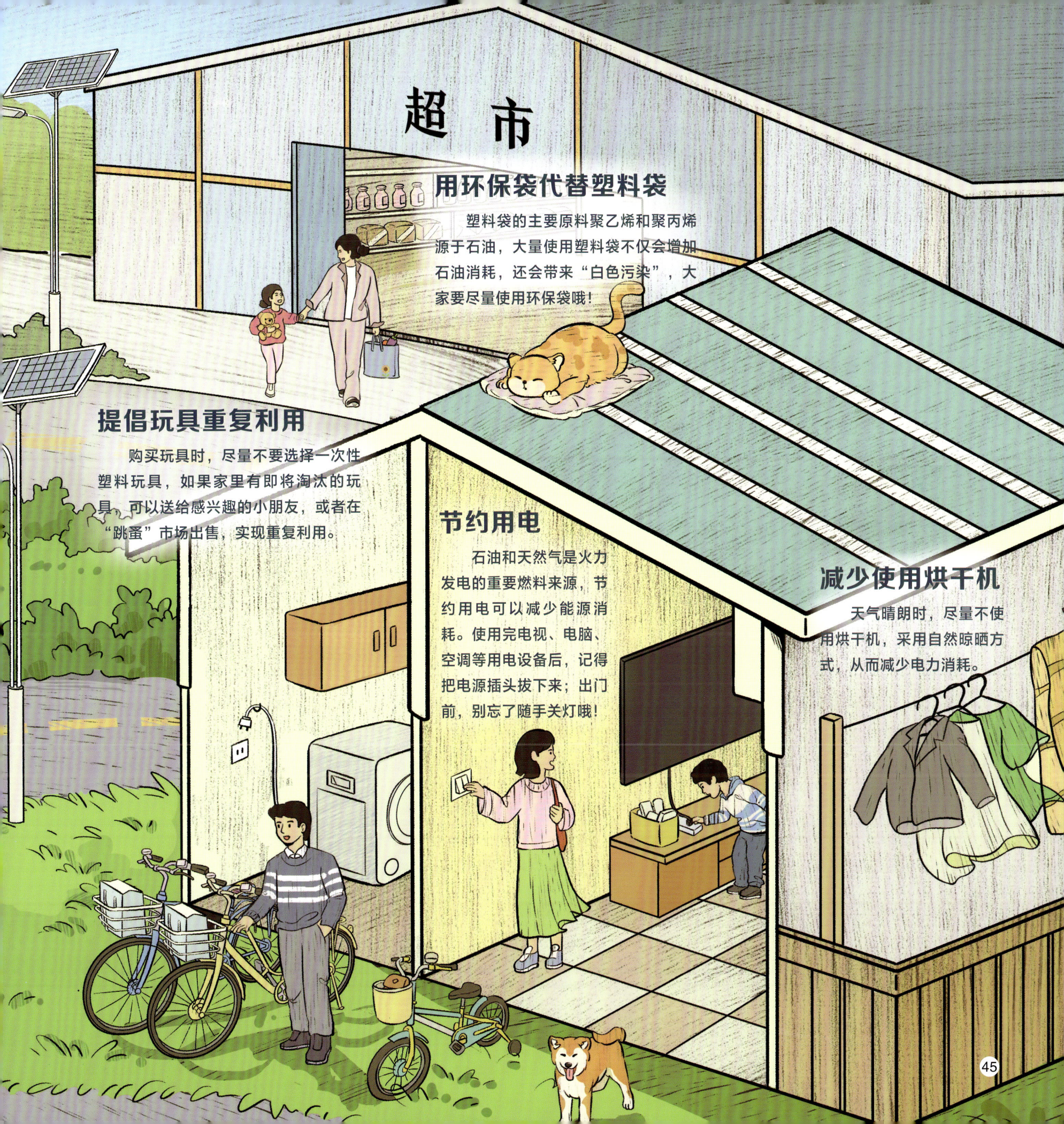

展望

未来地下探索

我们站在地球上遥望，江河山川已经不再神秘，但人类对深地的探索才刚刚开始。人类对深地的探索，未来将会走向何方？是在地球的深地中建设地下城市？还是在火星的深地中寻找珍贵的矿藏……未来等着你来揭开答案！

未来地下城

地下恒温、隔热、密封、安静，且不受气候和其他自然条件的限制。这样看来，住在地下或许也是一个好主意。当然，你也可以随时回到地面上晒太阳。

开发地球深处的地热能

地热能是蕴藏在地下的热能,是一种稳定可靠的可再生能源。它不仅可以用于发电,还广泛应用于建筑供暖制冷、发展温室农业和温泉旅游等领域。未来,人类向地球更深处钻探,可以开发出更多深埋地下的热能,为城市的生产和生活提供更加清洁、高效的能源支持。

未来地心旅行

穿越地壳和地幔之后,就到达了地核。科学家们认为,地核的外核就像一片熔融的金属汇聚成的海洋。那里的温度有4 000~6 800℃,简直高得吓人。未来,人类或许能够造出神奇的"地底潜艇",让地心之旅成为可能。神秘的地下世界等待着我们去一探究竟!

挑战特深井极限

中国科学家正在挑战钻探特深井的极限,全力推进全球罕见的13 000米超深井钻探工程,寻找藏于地球深部的能源,为碳中和打造"能源钥匙"。

我们到火星地下探秘吧!

火星采矿

火星如同一颗生锈弹珠,地下却藏着一座宇宙级五金仓库。未来也许有一天,人类会钻进火星深处,在火星上寻找宝贵的资源!

致敬

大地之子李四光

李四光，中国现代地质学的奠基人，不仅以其卓越的学术成就著称，更在精神层面彰显了科学家的崇高品质。他一生致力于祖国的地质事业，通过他的探索与发现，我们得以更清晰地窥见地球的奥秘。

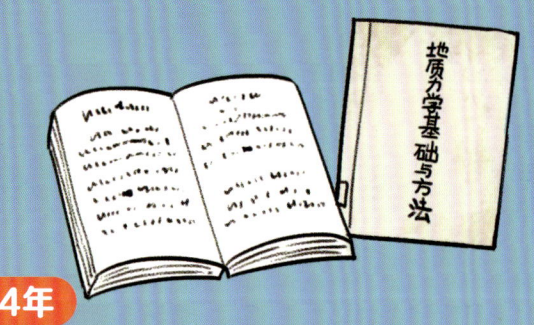

1950年

献身地质报祖国

科技报国的种子一直深植在李四光心中。新中国成立之初，李四光怀揣着一颗爱国之心，克服重重困难，与妻子、女儿一同回到祖国的怀抱。他深入探索地质科学领域，科研方向始终锚定在国家最需要的地方。

1944年

触摸大地的脉搏

煤炭、石油等许多矿产资源的形成与地质构造有着密不可分的关系。李四光创造性地将力学和地质学结合了起来，建立了地质力学。这一新兴学科为中国的地质研究和探索提供了新的思路。

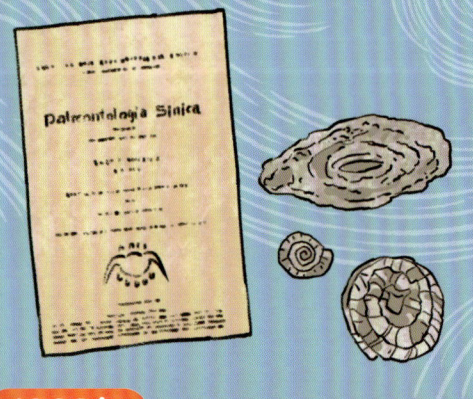

1923年

小化石引出大发现

石炭纪是地球历史上主要的造煤时代。找到石炭纪地层的所在，是弄清中国煤炭资源分布的关键。一种兴起于石炭纪的纺锤状小虫引起了李四光的极大关注，他给这种化石起名为"䗴（tíng）科"，他的研究成果成功解决了石炭纪至二叠纪地层划分问题。

1955年
一石激起千层浪

在新中国成立初期,找到铀矿迫在眉睫。在李四光的地质力学理论指导下,科学家们经过艰苦工作,成功找到了211特大型铀矿床,为中国核工业的发展做出了不可磨灭的贡献。

1959年
万里不辞行路难

已经66岁的李四光亲自带队穿行在沼泽遍布的黑土地上,白天测量数据,晚上核对地图与资料。在东北形成了中国第一支石油勘探"尖兵"。

在1959年国庆前夕,大庆油田宣告发现! 随着更多大油田被发现,"中国贫油论"也被彻底击碎。

李四光星

2009年,国家天文台将一颗在1998年10月26日,也是李四光的生日这天发现的小行星命名为"李四光星"。这颗星星遨游在浩瀚的太空,向世界昭示着李四光对地球科学探索的贡献。

念念不忘,终得回响

如今,在塔里木盆地的无边沙海中、在四川盆地的俊秀山林中,科学家们已探明的油气储藏规模之大,举世震惊。李四光的预见,一步步成为现实。

中 国 化 工 学 会
中国石油党组宣传部　组织编写
中国石油工程技术研究院